U0380735

我的小小农场 ● 6

画说麦子

1. 小麦和大麦……2
2. 麦子是有益健康的五谷之一……4
3. 保护耕地的麦田……6
4. 水稻和麦子是兄弟！……8
5. 多种多样的小麦品种……10
6. 种植日志（小麦、大麦）……12
7. 让我们来翻地、播种吧……14
8. 用心镇压，精心培育……16
9. 这种情况下我们该怎么办呢？……18
10. 没有麦田也能种麦子，那我们就在花盆里种吧！……20
11. 麦子收割后，让我们一起磨面粉吧！……22
12. 让我们一起做乌冬面吧！……24
13. 让我们一起用天然酵母做黄油面包吧！……26
14. 仔细地观察，有趣的试验……28
15. 人类培育麦子，麦子孕育文明……30

我的小小农场 6

画说麦子

【日】吉田久●编文　【日】目黑美代●绘画

小朋友们非常喜欢吃的面包、蛋糕、乌冬面、面条、意大利面等都是由小麦粉做成的，我们几乎每天都在吃用小麦做的食物。但是，麦子到底是什么样的作物呢？这恐怕大家就不太清楚了吧？那么接下来你就和非常喜欢麦子的我们，一起来探索这美味神奇的麦子世界吧！

中国农业出版社

1 小麦和大麦

说到麦子，你首先会想到什么呢？

大麦茶、大麦饭、面包、乌冬面、面条、意大利面、曲奇饼干和豆沙馒头等等吧，这些都是用麦子做成的。不过，虽然原料都是麦子，但实际上它们的种类却不同。大麦茶和大麦饭是用大麦做成的，而面包、蛋糕、曲奇饼干、乌冬面、面条、意大利面却是由小麦粉做成的。

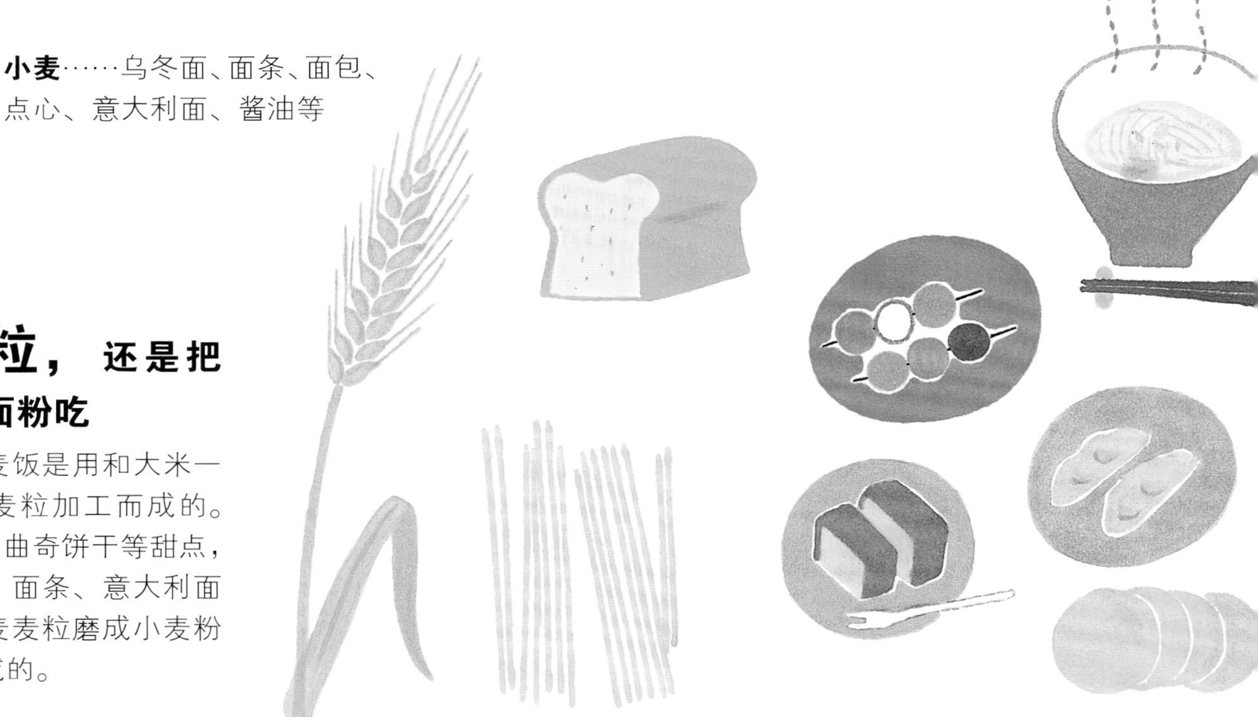

是吃麦粒，还是把麦子磨成面粉吃

大麦茶和大麦饭是用和大米一样的整粒的麦粒加工而成的。但是像面包、曲奇饼干等甜点，以及乌冬面、面条、意大利面等则是将小麦麦粒磨成小麦粉加水揉制而成的。

小麦要磨成粉吃哦

小麦麦粒的外皮很硬，不容易吸水，要是除掉外皮，里面的麦粒就会碎掉。因此，小麦更适合于磨成粉来食用，此外粉状要比粒状更加可口。

大麦要整粒吃哦

大麦的麦粒外皮比较柔软，而且容易吸水，可以蒸着吃，也可以煮着吃，十分方便，而且大麦整粒吃的话味道会更好。以前的做法是先把大麦煮一遍，然后加入一点大米再煮一煮来食用。

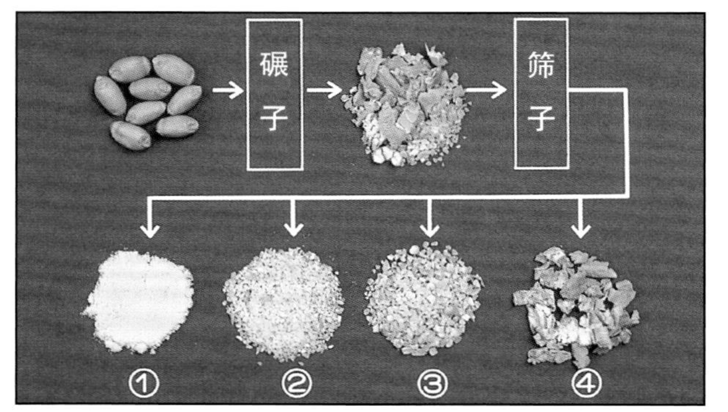

将小麦麦粒用碾子研磨碎，放入筛子过筛，把皮已脱落的、还掺杂着皮的以及带皮的麦子分离开来。多次重复以上步骤就能获得去了皮，而且又细又干净的小麦粉啦。

小麦

麦秆，就是英语中的“straw”

大麦的秸秆是金色的，而且又结实又好看，所以常常把它用作编织草帽、箩筐、草席等的原料。对了，最初的吸管也是由麦秆做成的哦（在英语里的“straw”这个词既有麦秆的意思也有吸管的意思，因此塑料吸管也可以表示为塑料麦秆的意思哦，哈哈哈）。

大麦……掺入大米一起食用，还可以用来制作啤酒、威士忌、烧酒、大麦茶、麦酱、家畜饲料、麦秸草帽等

啤酒和威士忌、味噌酱和酱油

小麦除了可以用来制作面包、乌冬面以外，还可以用来做味噌酱和酱油。大麦虽然也能用来做味噌酱和酱油，但人们更多则是让收割后的麦粒发芽来酿造啤酒、烧酒等酒制品，或者是做成麦芽糖。另外我们还可以用大麦炒熟后磨成的面粉来制作炒面（粉）。

黑麦……黑面包、伏特加酒、威士忌、家畜饲料

燕麦……燕麦片、家畜饲料

六棱大麦

两棱大麦

黑麦

麦子是非常重要的谷物

小麦和大麦是世界四大谷物（小麦、稻米、玉米、大麦）的成员之一。这里所说的四大谷物是指世界范围内，人们用作主食和家畜饲料的居于产量前四位的谷物。麦子的伙伴们竟然有两个入围其中了，真是太厉害了！

2 麦子是有益健康的五谷之一

五谷之一的麦子自古以来就是仅次于大米的重要粮食。五谷是指大米、麦子、小米、豆子、黄黍（或者稗），这些都是人们日常生活中必不可少的重要粮食。
麦子除了小麦和大麦以外还有黑麦、燕麦、黑小麦等。普遍认为它们都是同类，即麦类，但在欧洲只把小麦作为主要粮食，而其他品种的麦子则归属于其他类型的农作物。

在西方国家小麦是特别的食物

在欧洲，小麦是供人食用的，而大麦、燕麦、黑麦等则是牛、猪的饲料或者是酿造啤酒、威士忌的原料。另外大麦不易发酵，做出来的面包也不好吃，所以欧洲人用作主食的面包一般都是用小麦做的。

在日本，大麦和小麦都属麦类！

在日本，能吃到白米饭是近来才有的事，从前普通百姓除了祭祀和一些特殊的节日之外，都会在大米中掺杂大麦或其他杂粮来食用。由此可见在日本人们把大麦看得和小麦一样重要。这种大麦和小麦都摄取的饮食习惯从世界范围来看也属罕见，大概除了日本也就是中国和埃塞俄比亚了。

对健康有益的麦饭

日本人已不像从前那样频繁地食用麦饭了，可近来人们对麦饭有了重新的认识。这是因为麦子中含有丰富的食物纤维，对身体非常有益。

3 保护耕地的麦田

自古以来麦子和油菜便是冬季护田的典型农作物。在种有麦子和油菜的田地里，冬天即使刮再大的风，农作物栽培时最重要的表层土也不会被大风吹走。另外，麦子和油菜收割后，种上别的农作物的话，会非常有利于其生长。春天一到，青葱茂密的麦子和黄灿灿的油菜花在一起构成了一幅非常美丽的图画。虽然种麦子既能保护田里的土层、又可确保粮食的供给，但是现在大部分麦子都是依靠进口而不是自己种植。哎，这一点说起来真的是让人感觉非常遗憾啊。

4 月

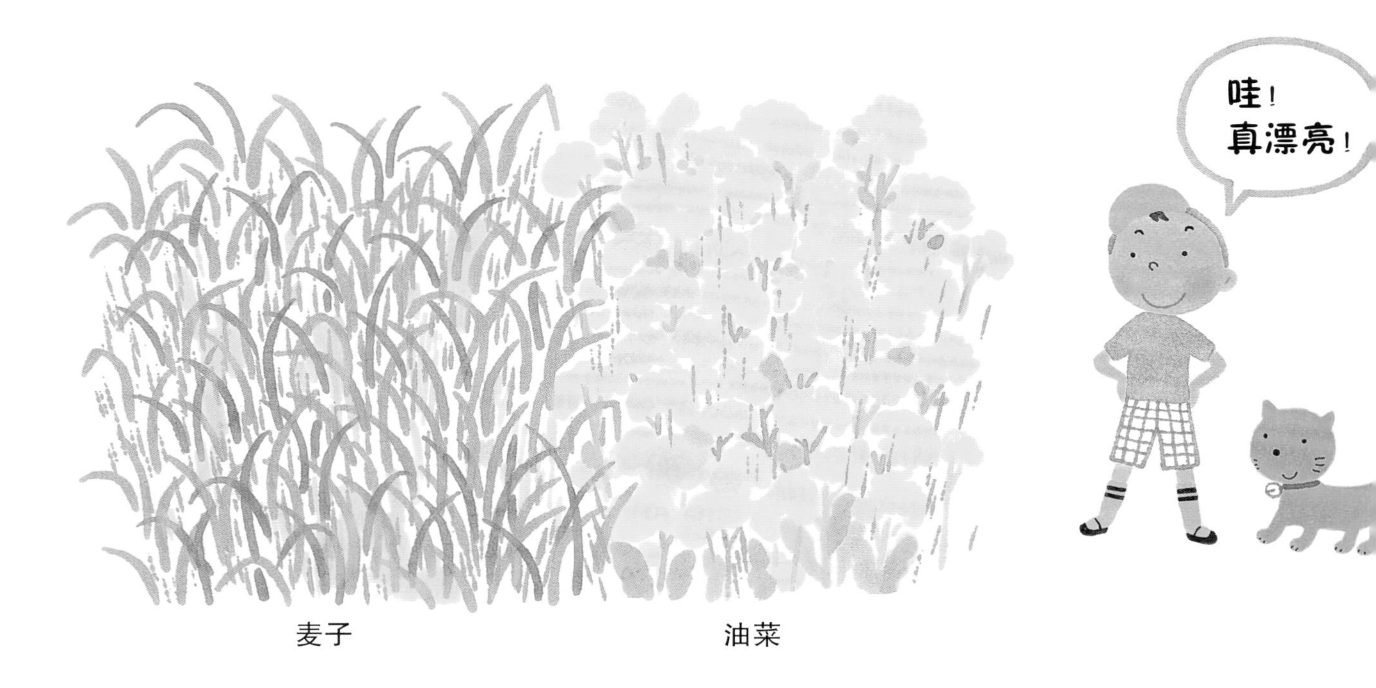

保护土壤的麦子

从前在日本关东地区秋天播种麦子，到了春天麦田里套种西瓜和葫芦。这样一来，正在生长的麦子能为西瓜和葫芦的幼苗挡风，保护它们茁壮生长。麦子收割后，残留下的麦秆还能给西瓜和葫芦做铺草。这些铺草最终回归大地，还能给土壤增添养分。麦子和蔬菜套种不但可预防疾病，还具备储存土地肥力的作用。

麦田里的生物链

蚜虫吃麦子，瓢虫吃蚜虫，青蛙吃瓢虫，蛇吃青蛙。

临近收割的麦田

6月

麦秋

收割麦子的季节叫做麦秋。“麦秋”虽然字面上用了“秋天”的“秋”字，但实际上收割期却是六月份呢。到了这个季节，成熟的麦穗一片金黄，麦田里一幅秋天丰收的景象。这是初春油菜花盛开之后又一个风景美丽的好季节。

4 水稻和麦子是兄弟！

水稻和麦子都属于稻科。因此，它们既有十分相似的地方，又有完全不一样的地方。它们的叶子、花的形状，以及茎的生长方式都非常相似。但是水稻喜欢水，是原产于热带的作物。相反，麦子却是生长在干燥地区、喜欢寒冷气候的植物。在日本很多地方，夏天适合种水稻，冬季还适合种麦子。因此，自古以来，人们就在水田里交替种植着这两种作物，这就叫做一年两熟。

叶子的通风程度不同

植物的叶子上面都有小窗口（叫做气孔），从窗口可进入呼吸所需的氧气和合成淀粉所需的二氧化碳。还有，就像我们出汗一样，这个气孔还能产生水分来调节叶子的温度，使温度不会过高。水稻小气孔的数量是麦子的七八倍。在亚洲热带地区生长的水稻小气孔比较多、而且通风好，然而对于生长在欧洲寒冷地方的麦子来说，还是小气孔少些更好。举个例子说，水稻就好比是亚洲通风良好的房子，而麦子则是欧洲不易透风的砖瓦房。

亚洲通风良好的房子

西方不透风的房子

一年两熟

以前，人们大都在旱地里种麦子。而现在的主流则是水稻收割完后，再在水田里种麦子。用留在地里的麦秸做成的堆肥可称得上是水田和旱地的优质肥料。

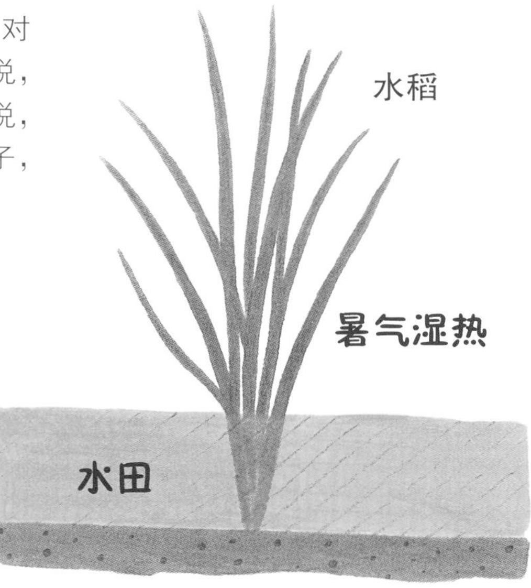

根部的结构不同

麦子根部没有可以透气的管道，而水稻却有，并且通过叶子和茎，来给根部输送空气。因此，水稻在水里也能生长，而麦子则不喜好潮湿的土壤。

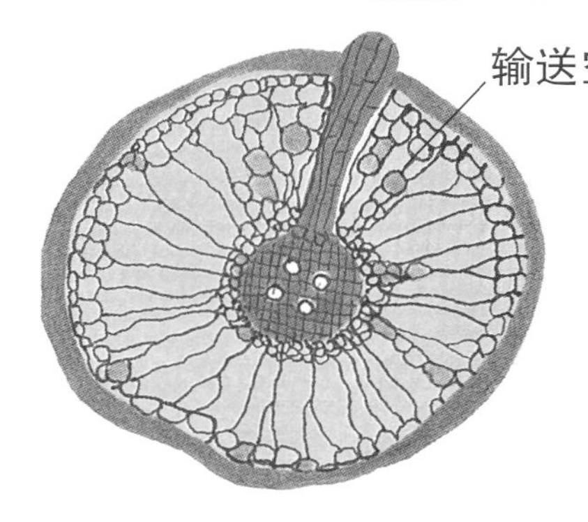

水稻根部切面

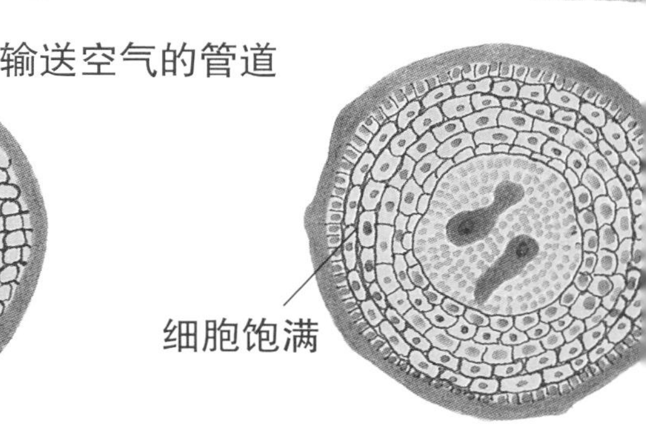

麦子根部切面

麦芒是做什么用的呢？

在麦穗最上端突出的部分叫做麦芒，它可以利用光照来合成淀粉，这对于每一粒麦粒的生长都是非常有用的。还有就是，说不定为了防止麻雀破坏麦子，麦芒才是尖尖的形状呢！

哦，原来是这么回事儿！

花的形状决定授粉的方式

麦子和水稻都没有花瓣和花萼。但在同一朵花中，雌蕊的花粉能够追随雄蕊进行自行授粉。而且，开花时间只持续 30~60 分钟，然后就基本结束了。

小麦开花

小麦的麦穗

水稻的稻穗

抽穗的季节

水稻在炎热的季节抽穗，而麦子却在寒冷季节抽穗。水稻抽穗是在 7–8 月夏天最炎热的时候，而麦子开始抽穗是在 1–2 月份。麦子没有寒冷的环境就长不出麦穗。刚开始只有 1 毫米的穗，到了 4 月份就能长到 1 厘米，到 5 月份就可以看到它的模样了。

穗有什么不同呢？

水稻的一个稻穗上有许多分枝，而每个分枝上都分散结有一个个饱满的稻粒。小麦则没有分枝，一个个麦粒紧挨着麦穗中间的麦秆堆积起来。

5 多种多样的小麦品种

小麦粉到底有多少种呢？让我们走进厨房去看一看吧。如果问家里人的话，说不定会把写着“低筋粉”的包装袋递给你，低筋粉就是小麦粉吗？是的，它是小麦粉中的一种，其他还有中筋粉、高筋粉、面包专用小麦粉等。对了，天妇罗用的就是低筋粉。这里，我们所提到的“筋”这个字究竟指的是什么意思呢？

关于小麦粉中的“筋”的含义

小麦粉里含有叫做谷蛋白的蛋白质，其含量根据小麦品种的不同而不同。含谷蛋白较多的小麦粉加水揉捏时会感到较强的黏性，这便是高筋粉。谷蛋白含量较少的就是黏性较弱的低筋粉。根据上述特性，做面包用高筋粉，做乌冬面用中筋粉，做曲奇饼干和蛋糕就用低筋粉。对了，在做天妇罗等油炸食品的时候也要用到低筋粉哦。由此可见，低筋粉是用途最广的小麦粉。

低筋粉 蛋白质的含量只有6.5%~9%，谷蛋白韧性不强。适合用来制作蛋糕、日式糕点、饼干、天妇罗等不太需要揉制的食品。

中筋粉 蛋白质含量7.5%~10.5%，谷蛋白含量适中，延展性和弹性适度，适用于制作乌冬面和挂面等面食，还有饼干和日式点心等食品。

小麦的形状和颜色不同

有麦芒的褐色小麦

没有麦芒的白色小麦

长麦芒的通心粉小麦

揉捏时，黏性和弹性很大。
最不易伸展的小麦粉！

高筋粉　蛋白质含量高达 10.5%~13%，其中谷蛋白弹性大，伸展力强。经过反复揉捏，可以制作出各种各样美味可口的面包。此外，制作中餐面条和饺子皮也经常使用高筋粉。

硬粒小麦粉（属于通心粉小麦二粒系）
蛋白质含量较高，所占比例为 11%~14%。这种面粉虽然含有丰富的谷蛋白，但弹性较差，经常用来制作通心面和意大利面。

6 种植日志（小麦、大麦）

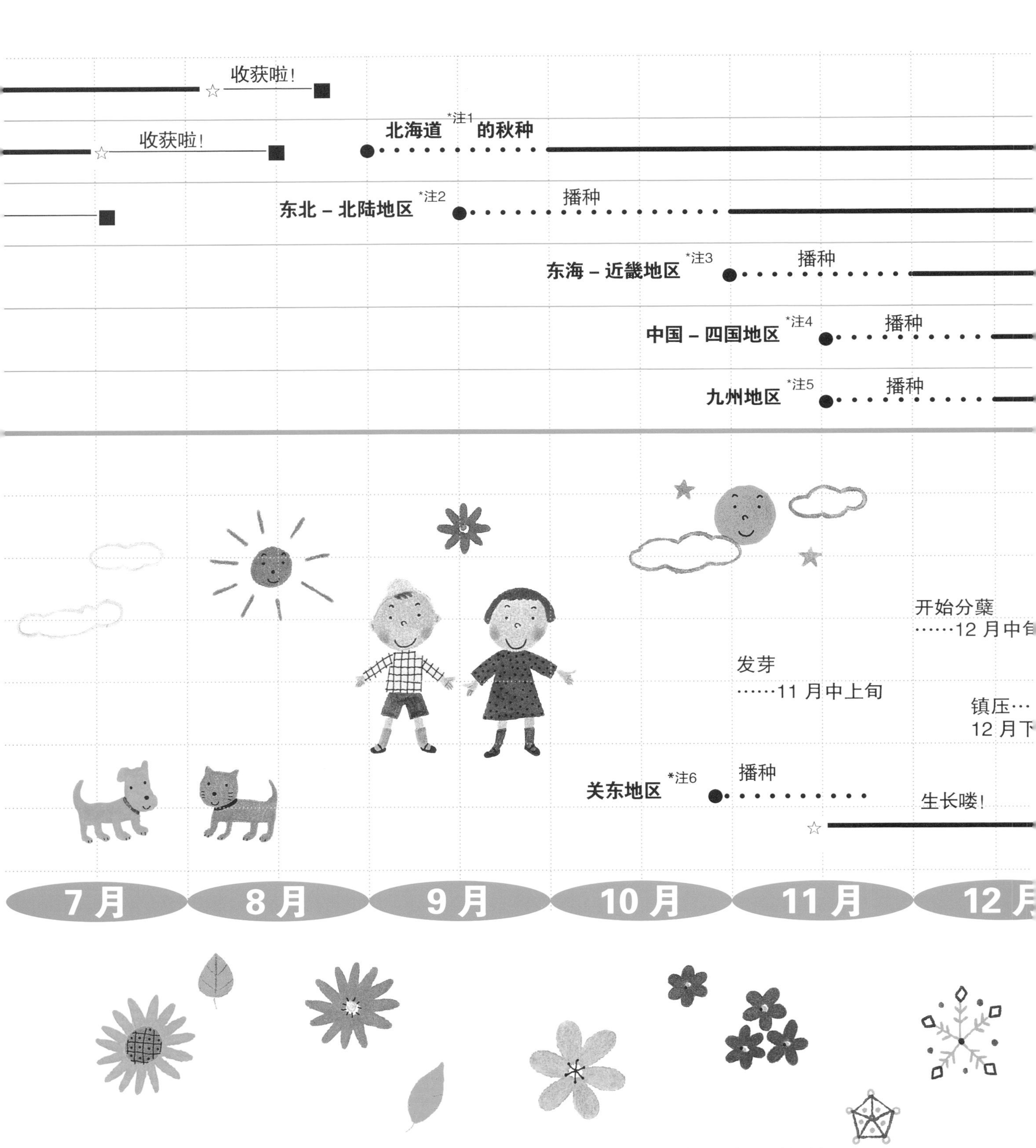

* 注 1：北海道位于日本最北部，为日本除了本州以外最大的岛，也是世界面积第 21 大岛屿，略小于爱尔兰岛。
* 注 2：日本东北地区位于日本本州岛北部，包括青森、岩手、秋田、山形、宫城县、福岛六县；日本北陆地区指日本中部的日本海沿岸地区，包括富山、石川、福井三县。
* 注 3：东海是指日本的东海地区；近畿地区在日本本州中西部，面积 2.7 万多平方公里。

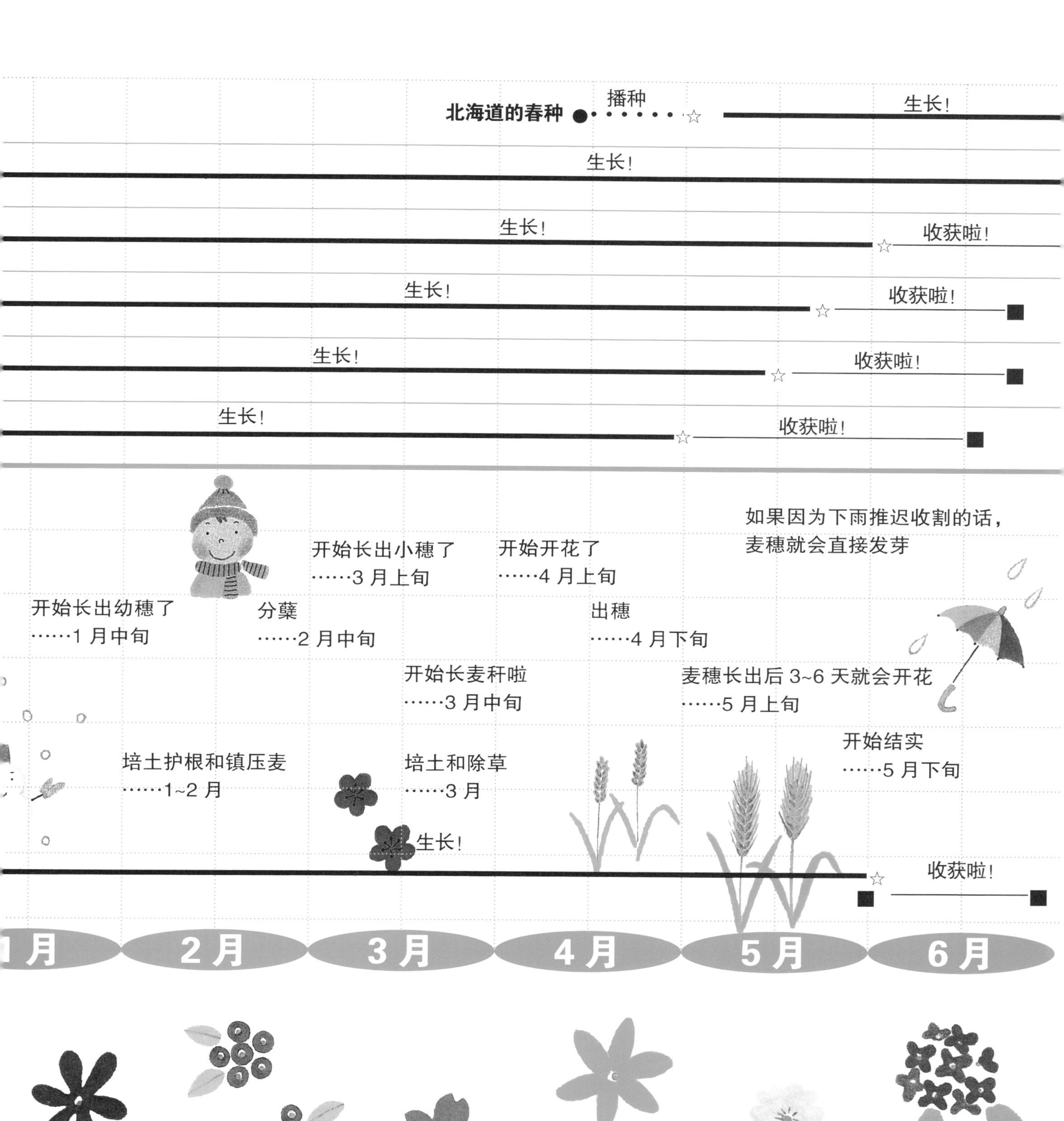

* 注 4：日本中国地区位于日本本州岛西部；四国地区位于日本西南部。
* 注 5：日本九州地区位于日本西南部，包括九州岛和周围 1 400 个岛屿。
* 注 6：日本关东地区通常指本州以东京、横滨为中心的地区，位于日本列岛中央，为政治、经济、文化中心。

7 让我们来翻地、播种吧

终于可以种小麦啦！

小麦的播种期是从 10 月下旬到 11 月末。但是在气候比较寒冷的地区，建议提早播种。日本北海道 9 月下旬，东北北部地区 9 月下旬到 10 月上旬是播种的好季节。麦田要选择光照好，易排水的地方。小麦的生长期是从秋季开始到来年的 6 月份，如何在地里搭配其他的农作物，需要花点功夫。在选择小麦品种的时候，建议你先到农业试验场、农业改良推广中心或者农协咨询一下，再选择适合当地生长环境的品种吧。

挑选种子

先在盆中倒入 1.8 升水，再加入大约 230 克的盐，盐溶解后倒入小麦种子，选取沉在水底的种子。这是因为沉下去的都是颗粒饱满的种子。将这些种子用水清洗一次，放在阴凉处晾晒两天左右再播种。

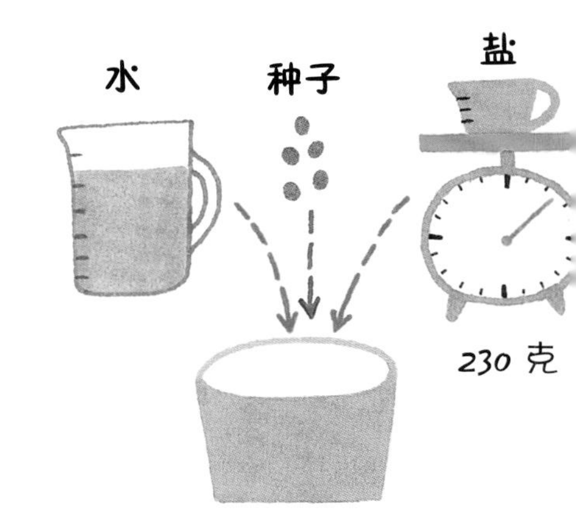

播种

播种的时候人们大多采用条播或者点播的方式。1 平方米的土地上可以播种 200~250 粒种子。播种之后，需要再盖上 2~3 厘米厚的土。另外还有散播、条播、宽幅条播等方式。

土壤的酸度

因为小麦不适宜种植在酸性土壤中，所以在耕地时要撒上一些石灰来调整土壤的酸度，过一个星期后才能播种。

为了了解土壤的酸性，我们可以在烧杯中放入一些土壤，加入水，搅拌后等土壤沉到水底，然后用石蕊试纸进行测试。如果 pH 值在 5 左右的话，就说明这块地的酸度是不适合种植小麦的。

我们在给麦田整地时要深耕 25~30 厘米，而且尽可能将土块弄碎，同时挖出排水沟。

麦垄

麦垄的宽度在 60~70 厘米，高度之面，如果排水比较好，不堆土起垄也没有关系，但是如果是在排水不畅的地方，那就需要修建 5~10 厘米高的麦垄。点播的时候，植株之间的距离要保持在 5~15 厘米。

起垄

10 厘米

麦垄高度在10厘米左右，要将肥料和土壤混合均匀哦~

基肥

平方米的土壤需要 75~100 克化肥（氮 : 磷 :
=6:9:6）。条播时，化肥按条施在将要播种之
。为了不让种子直接接触化肥，在施肥之后
种之前要在施肥处盖上一些土。如果将化肥
垄施并和土壤进行搅拌的话，所需要的化肥
要增加 20%。

产量是多少呢?

为了让大家都能尝到乌冬面，我们需要 10 平方米左右的田块。种植 10 平方米地的小麦，大概能磨出 2000 克面粉。因为做一人份的面条需要 100 克面粉，所以种 10 平方米地的小麦能供应 20 个人食用。按一个班级里有 40 个人来计算的话，2 个人能分吃一大碗面条哦。

8 用心镇压，精心培育

播种后 10~14 天，种子就开始发芽了。不久小麦的叶子也开始长出来了，但是这些叶子却非常的娇弱，使得你不禁会这样想：这真的是小麦吗？不用担心，因为小麦为了躲避冬天的严寒，所以才将叶子垂搭在地面上的。这个时候，需要镇压，这样麦子才能根深蒂固，茁壮成长。虽然被踩的麦子看上去很可怜，但是只有把麦子苗踩实了之后，麦子才能健康成长。

压土

镇压之前，要往麦子上撒些土，这个过程称为压土。压土对麦子的生长有很大的益处。

镇压

如果不镇压麦苗，若出现霜柱会导致土壤被隆起，使得小麦根部很容易受伤。但是，通过镇压，麦茎会分出很多叉，根部便会强壮起来，这样一来，麦子就能在春天里健康地成长了。镇压麦苗时，要从麦苗的正上方开始，像螃蟹爬行一样横着踩过去，或者用一个 25 千克的滚轴压过去。镇压麦苗的频率是年内踩 1~2 次，开年后再镇压 2 次左右。从麦叶长出四五片时开始到进入寒假前，镇压 1~2 次。开年后，1 月份镇压一次，2 月份再镇压一次。进入 3 月份时，麦茎开始生长，这时就不能再去镇压麦苗啦。

越是寒冷的地方，小麦的根部越长势旺盛，有的甚至能长到 2 米长。到了春天，麦茎会以惊人的速度生长，有时一天之内就能长 15 厘米呢！

除草浇水

要是麦田里杂草丛生的话就糟糕了，所以需要我们辛苦地去拔草。

种大麦的话该如何去做呢？

大麦的种植方法和小麦的种植方法差不多。但是，大麦抗酸性差，怕潮湿，不耐寒，在种植时要多加注意。

踩踩麦苗，麦根会更强壮哦！
原来如此！
好可怜哦！
呜呜~~~

不踩麦苗的话，会被霜柱破坏哦！

追肥

春季大约三四月份的时候要给麦子施氮肥。我们要在植株之间施肥，1平方米的土地施肥量为20~30克。

培土

3月份的时候要在麦垄之间挖出水渠、沟来，给麦子根部培土。这样做能够帮助麦子抵抗严寒和干旱，还能促进它的根部生长，使麦子不易倒下。

9 这种情况下我们该怎么办呢?

如此精心地照料，为什么麦子还是生病呢？而且，我们又不太想使用农药，哎，那该怎么办呢？像麦蚜虫这些害虫，一旦发现，要用手或一次性筷子把它们捉掉。当你发现生病的植株时，把它们拔出来烧掉是最好的解决方法。这样也解决不了问题的话，我们也只能选择放弃了。唉，真是太可惜了！

啊！糟糕了，麻雀飞来捣乱了！

麦子开花的时候，麻雀就开始进攻了。如果放着不管，麦子就该被麻雀“剃成光头”了，所以我们要拉起网，不能让它们再来偷吃。

白粉病

叶子上像撒了白粉一样出现许多白斑点，随着斑点不断扩大，还会长出黑色的小颗粒。在5~6月份的阴雨天，麦子特别容易得上这种病，但是如果把麦子种在通风良好的地方，就不容易得病了。

赤霉病

多雨季节，麦子很容易感染赤霉病。生病的麦穗会变成茶色，而且会长出红色的霉，时间一长，麦穗还会长出黑褐色的颗粒。所以我们要选取那些没有病菌的种子来种植。麦子感染了这种病，病菌会释放出毒素使麦穗变红。要是人吃了这种患病的麦子还会中毒，所以即使非常可惜，也必须把它拔掉。

锈病（红锈病、黑锈病、黄锈病、小锈病）

麦子要是生了锈病，叶子上会就长出黄色的、橙色的、红茶色的粉状斑点。如果麦子的茎部和叶子上附着有紫褐色的粉状物，就说明麦子可能是感染了黑锈病。麦子一旦生病了，我们要尽早给它们打农药。

种好麦子的小窍门

- 选取抵抗力强的种子
- 要及时播种
- 施氮肥不能过量
- 种子上面培土不能过厚

受害的麦叶

麦蚜虫

当麦穗长齐的时候，麦蚜虫也开始盛行了。一旦发现它们，就要用手将它们拿掉。

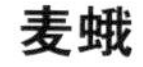

麦蛾

成熟的麦子要尽早收割脱粒，然后晒干。否则，麦蛾在麦穗上产的卵就能孵化成幼虫，然后钻到麦粒中美餐一顿，留给你一堆空壳哟。

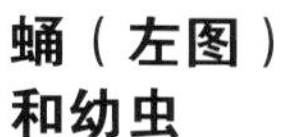

蛹（左图）和幼虫

成虫

受害的麦粒

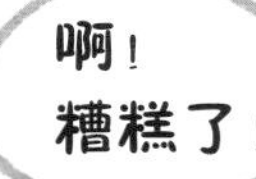

黑穗病类

我们在播种之前，要先把种子放到46摄氏度的热水中浸泡两个小时进行杀菌。然后把消过毒的种子彻底晾干，再播种。这样一来，麦子生这种病的概率就会小一些。

麦穗发芽

如果不及时收割，又赶上雨期的话，未脱穗麦粒就会直接发芽，这种情况叫做“穗发芽”。发芽的麦子是不能磨成面粉的，所以一定要注意呀！

酸性的危害

麦子在生长过程中，如果土壤酸性突然增强，麦子就无法再生长了。所以我们在播种之前，应该在土壤中洒上些石灰，来调整土壤的酸度。

潮湿

如果土壤中的水分过多，麦根就无法呼吸，麦叶也会枯萎，很难结出麦穗。当土壤过于潮湿时，我们应该加高麦垄再进行种植。如果只是一时的潮湿，我们可以挖排水沟进行排水。也可以通过施堆肥来改善麦田的排水性能。

雪腐病

雪融化的时候，麦子就像是被热水烫过一样黏在一起，干了之后变成灰色或者灰褐色，这便是雪腐病。因此不能推迟播种时期，一定要在积雪形成之前就让麦子长好。为了让积雪尽快融化，可以撒些炭粉，还要做好田间排水工作。

10 没有麦田也能种麦子，那我们就在花盆里种吧！

如果不能在地里种麦子的话，可尝试盆栽。各种花盆都可使用，无大小和种类限制。盆栽的量虽够不上食用，但可以将麦子进行脱水，做成供观赏用的摆设物，也可以用来观察和做试验。小麦进入花期后，在天气晴朗的日子里麦子会全部开花，这时我们就能观察到小麦开花的样子了。

在播种前一周，先将红粒土和蛭石按 6：4 的比例混合，然后再加入一小撮化肥混合均匀。
6
4
红粒土
蛭石
等待小麦开花的日子吧！
播种的时候，要一排一排地撒下种子，然后盖上 1.5~3 厘米厚的土，再浇上水。
要放在阳光充足的地方。
要选择底部可以排水的花盆，提高排水性能。

当小麦长出 2~3 片叶子的时候，为了让每棵麦子之间保留 5 厘米左右的间隔，我们要把那些弱小的植株拔掉。

麦子长出 7~8 片叶子的时候，麦穗就长出来了。等到麦穗变黄时，我们就可以收割了。

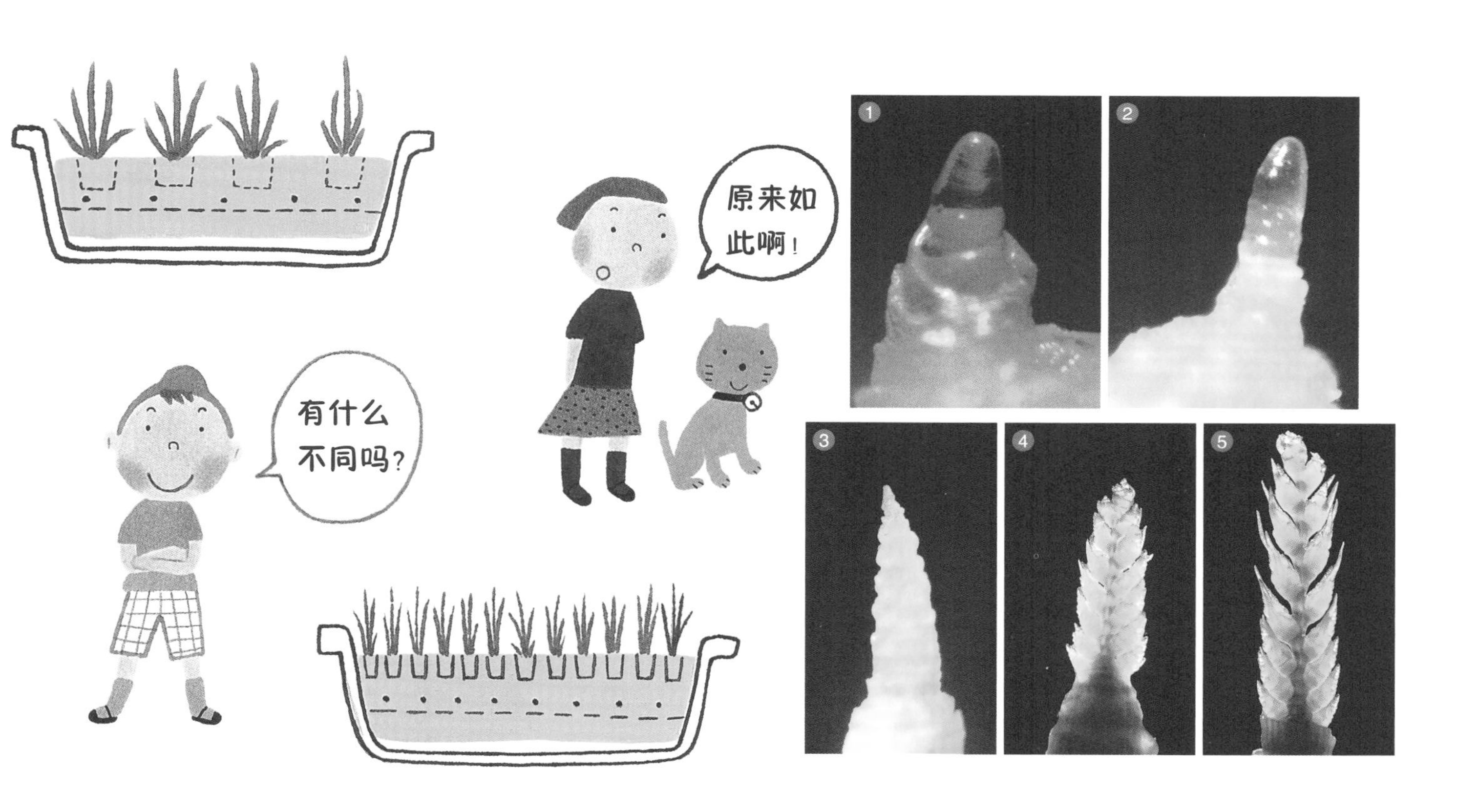

原来如此啊！
有什么不同吗？
1
2
3
4
5

栽培密度不同，生长情况会有什么不一样吗？
在同样大小的花盆里，可用不同数量的种子来种种看。比如，我们撒上 3 倍的小麦种子，观察麦子茎部的长势、每株麦子的麦穗数、麦粒数，看它们是不是有所不同。

观察麦穗宝宝吧！
春天到来的时候，在麦茎开始生长的 2~3 月份，被茎部包裹的麦穗宝宝就出来了。我们拔下其中一株麦子的茎部进行观察，就能认识麦穗宝宝了。麦穗宝宝的脸完全露出来需要 3 个半月左右的时间。麦穗长出来之后 3~6 天就开始开花了。

11 麦子收割后，让我们一起磨面粉吧！

终于迎来了收割小麦的季节啦！当麦秆下面的麦叶开始枯萎，麦子全部变成金黄色的时候，我们就可以收麦子了。

只要麦穗的顶端变黄了，即使麦子最新长出的叶子还泛着微微的绿色，我们也可以收割了。

麦子收割之后，我们要把它们放在既干燥又通风良好的地方风干 3~4 天。然后再把麦穗脱粒，去壳。最后把麦粒烘干到用手掐也不会留下指甲印的程度。可以用磨咖啡豆机把小麦磨成面粉，来试着做做乌冬面。如果是大麦，我们可以尝试把它们炒熟之后泡大麦茶喝。

麦子收割期和方法

在日本，麦子的收割期是进入梅雨期之前。当麦穗渐渐变黄时，就应该关注天气预报来决定收割期。如果因为下雨而推迟收割期的话，麦穗上的麦粒就会直接发芽，所以一定要注意啊！

如果赶上连续阴雨天，一旦出现间晴，麦子一干，就将它们全部收割掉。收割麦子的时候，我们可以将麦子连秆割下，也可以只割下麦穗。

麦子彻底晒干之后，一定要放在密封的容器里保存！这样一来，麦蚜虫和麦蛾就不能偷吃了。

干燥

我们可以像收割水稻那样，把麦穗也绑成一束一束的，在天气好的时候把它们挂在通风良好的地方进行风干。

去壳和风选

麦穗干燥之后，就要把它们拿去脱粒了。大家一起戴上橡胶手套，用双手来回搓麦穗，麦粒会很容易地脱落下来。因为在搓的时候麦壳也会脱落，所以，下一步，我们要用风把麦壳吹走，看，这样就搞定了。

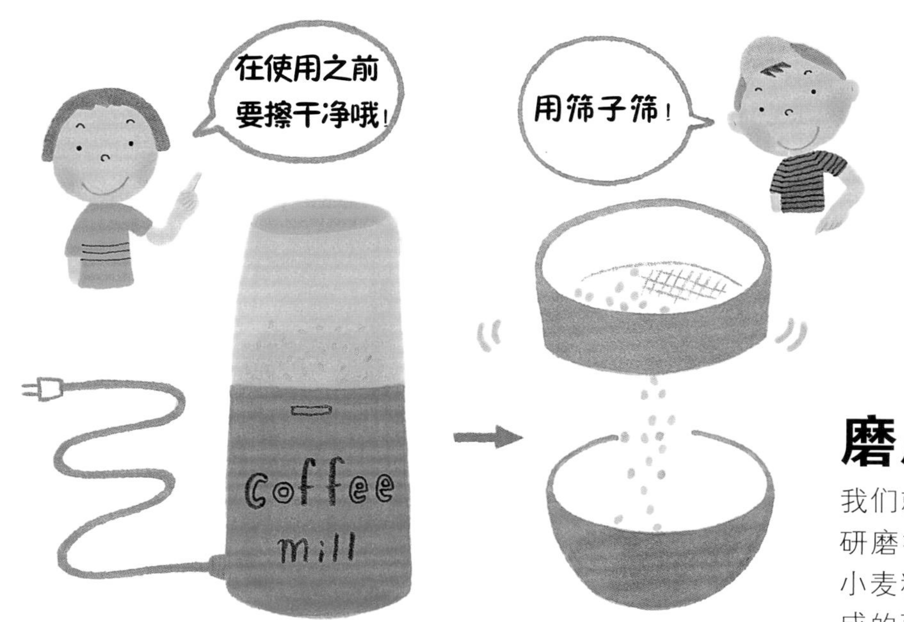

磨成粉

我们就用咖啡研磨机来磨小麦吧！要把咖啡研磨机弄干净后再用来磨小麦，不然的话，小麦粉会粘上咖啡味。把除去麦壳的麦子磨成的面粉，就是留有麦糠和胚芽的全粒面粉了。然后用细孔的筛子把磨好的面粉过筛。如果你只想留下白色的面粉，那就用妈妈在厨房里常用的那种面粉筛子吧。

12 让我们一起做乌冬面吧！

人类究竟是从什么时候开始吃乌冬面的呢？从日本室町时代（公元1336—1573年）开始，日本人就已经掌握了与现代非常相似的做乌冬面的方法了。在那个时候，人们把乌冬面叫做“切麦”，把趁热吃的面条叫做“热麦”，冷着吃的叫做“冷麦”。那时，将小麦磨成粉可是一项大工程！所以当时只有在像庙会或者盂兰盆节这样重要的日子才能吃到手擀面。

准备材料

中筋面粉　大概准备3个人的量，3杯（300克左右）

盐　2小匙（10克左右）

水　135毫升（如果是冬天，要先把水预热到15~20摄氏度）

干面粉　用高筋面粉或者中筋面粉

在和面时加入盐，能够发挥谷蛋白的作用，这样做出来的面更加筋道，而且还能够起到抑制面粉发酵的作用。我们在煮面的过程中，盐分就会融化在面汤中了。

工具

秤、筛子、盆碗、擀面杖、保鲜袋、砧板（如果没有也没有关系）、菜刀、大锅、笸箩

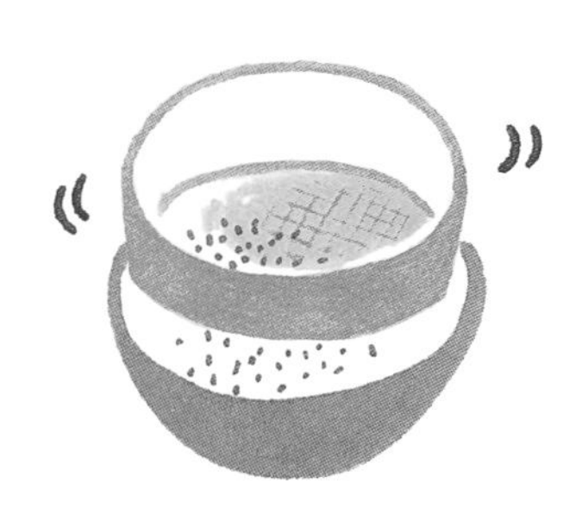

1. 将准备好的中筋面粉过筛。

2. 在盛有水的杯子里放入盐搅拌均匀，再把盐水倒入盛面粉的碗中。

3. 用手搅拌，将面粉捏成面团。

4. 在盆里由外往里用力揉面团。

5. 将揉好的面团放入保鲜袋中，静置1~2小时。

6. 再轻轻地揉一次面团，整好面团的形状后将其放入保鲜袋中，再静置10~20分钟。

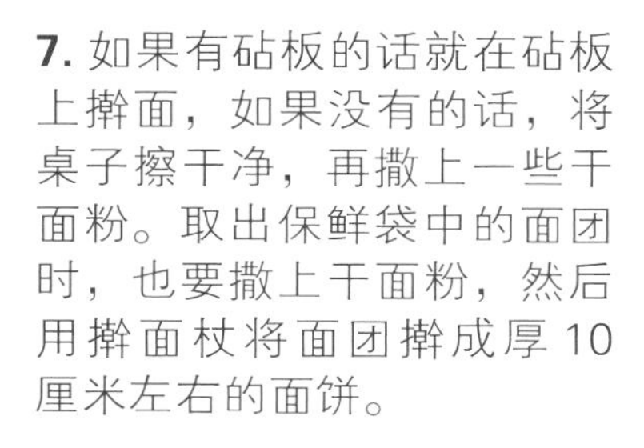

7. 如果有砧板的话就在砧板上擀面，如果没有的话，将桌子擦干净，再撒上一些干面粉。取出保鲜袋中的面团时，也要撒上干面粉，然后用擀面杖将面团擀成厚10厘米左右的面饼。

8. 再撒上一些干面粉，用擀面杖将面饼卷起来，擀压至厚度3毫米左右。

9. 接下来在面皮上撒上干面粉，将面皮折成3层，用沾上干面粉的刀切成3毫米左右宽的面条。

10. 锅中加入2升左右的水煮开，然后放入切好的面条，煮10~20分钟。如果面汤煮开要溢出锅的话，可以向锅里加入一杯水。当面条煮到你自己喜欢的软硬程度时，就可以捞出来放在笸箩上啦。

11. 将煮好的乌冬面直接用自来水冲洗，夏天蘸凉佐料，冬天蘸热佐料来食用。还可以将煮好的乌冬面连汤带面盛到碗里，蘸上放入葱姜的热调味料来食用。（在本书的后面，还会给大家介绍可丽饼的做法哦！）

13 让我们一起用天然酵母做黄油面包吧！

面包有着悠久的历史，大约在公元前 7 000 年到公元前 6 000 年，美索不达米亚地区的人们就已经开始制作面包了。但是那时候的面包没有现在的面包那么松软。要想做成膨松的面包，必须对用水和好的面进行发酵。也许在从前的那个时候，人们无意中将和好的面长时间放置后，空气中的酵母菌自然地附着在面上，由此产生了天然发酵，其结果烤出了比平常好吃的面包。这可能便是面包发酵的由来吧。

1. 准备（准备材料和工具）

工具

秤、量杯、量勺、筛子、两个碗、温度计、菜刀或者刮板、秒表、尺子、木勺、橡胶刮刀、打蛋器、保鲜袋、擀面杖、刷子、烤箱等。

原料（做 24 个黄油面包的量）

高筋面粉或中筋面粉（先用筛子筛好）……500 克

砂糖……3 大匙

盐……1 小匙

人造黄油……50 克

鸡蛋（让黄油面包看起来更有光泽）……1 个

鲜酵母……2 大匙加上 240 毫升水

色拉油（用来抹在碗的内侧）……少许

2. 鲜面包酵母的做法

请阅读本书后面的介绍（夏天要花 1 天、冬天要花 3 天）。

3. 步骤

（1）将原料和鲜酵母放入碗中，开始和面。

（2）将面粉揉成团，使出全身的力气，把面团拉长、拉开。

（3）双手用力挤压，然后再换一个方向，这样反复揉面团。

（4）捧起面团，将其表层不断地往下卷。在做成面皮之前，重复图中步骤（2）、（3）、（4）的做法，使面团达到既细腻又有光泽的程度。

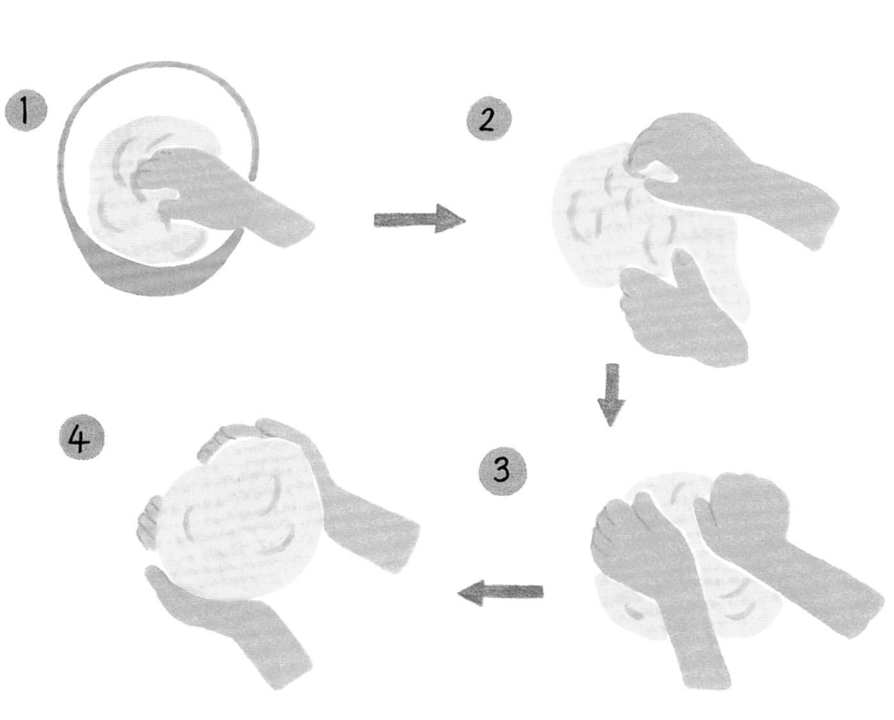

4. 第一次发酵

将面团放入涂有少许油的碗里，用保鲜膜封好后，再放入另一个盛有 25~30 摄氏度温水的盆里，这样可以发酵至约原来的 2.5 倍。

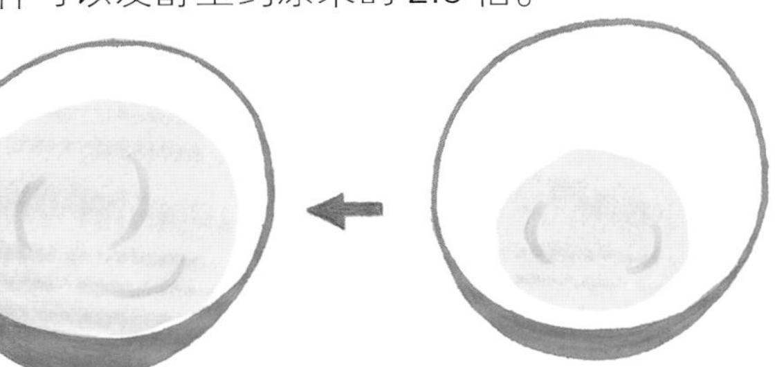

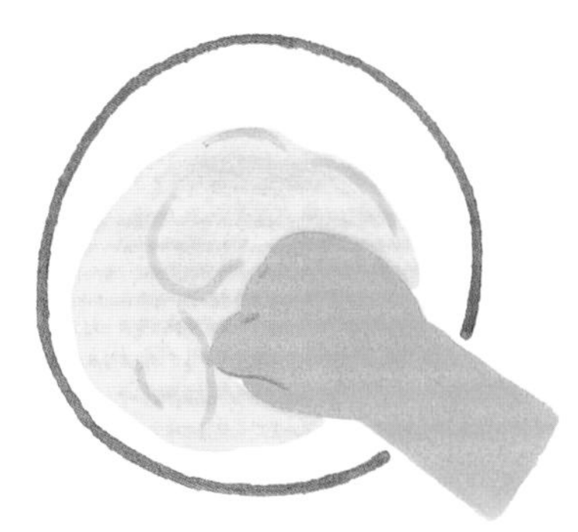

5. 赶走空气

用拳头挤压面团，赶走空气。

6. 醒面

进行揉面醒面，再次将面团发酵至大约 2.5 倍大。

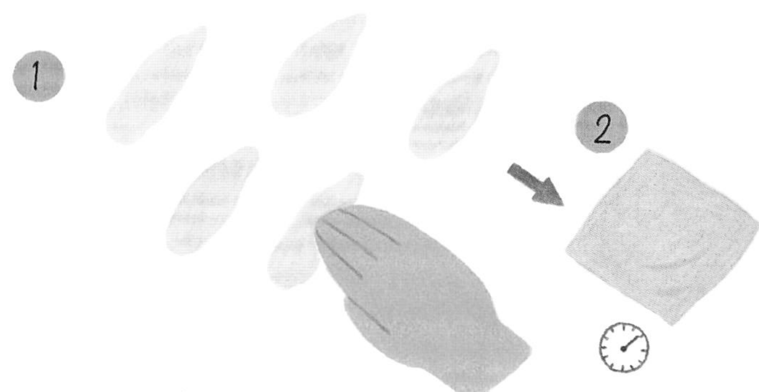

7. 将面团分成等份，醒面

（1）将面团分成 24 份，揉成水滴的形状。

（2）盖上屉布，静置大约 10 分钟。

8. 做成黄油面包的形状，进行 2 次发酵

（1）将水滴形面团滚成长 15 厘米左右的长条状。

（2）用擀面杖一边擀面团一边将其定型，做成底边长 5 厘米，高 25 厘米左右的三角形形状。

（3）提起三角形底部然后轻轻地向前卷。

（4）卷好之后，将收尾处朝下排列在砧板上。

（5）用保鲜袋把黄油面包坯封起来，发酵至原有体积两倍左右。

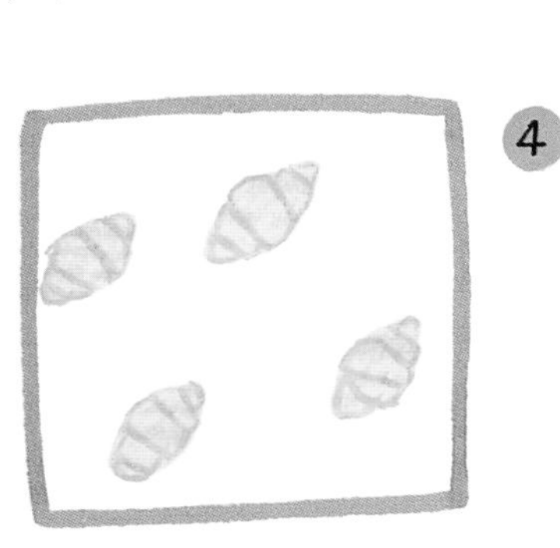

哇，都膨胀起来了！

9. 烤黄油面包

（1）在黄油面包表层涂上蛋黄液。

（2）将做好的黄油面包坯放入烤箱，用 200 摄氏度烘焙 8~10 分钟就做好了。

14 仔细地观察，有趣的试验

小麦植株的形状是非常漂亮的，我们可以把它们做成干花。但是如果事先没有将它们彻底干燥，麦粒就会从干花上脱落下来，所以要很仔细哦。如果我们种的是大麦，可以用麦秸来做吸管，也可以来编织个草帽，非常有趣。接下来就让我们来观察，来体验吧！

如果不踩麦的话，麦子又会长成什么样子呢？
让我们比较一下，被踩过的麦苗和没有被踩过的麦苗，观察它们的生长情况，看看每棵茎和穗的数量有什么不同。

速育法
春天到来之后，我们可以在晚上用灯光来照射麦苗，让温度保持在 20 摄氏度左右，这样做，麦子就能够尽早抽穗了。

麦芒和旗叶脱落之后可以收割吗？
麦子抽穗之后，如果将麦芒割掉，麦粒就会变得干瘪了。那么割掉麦芒的麦穗和没有割掉麦芒的麦穗之间到底有多大的区别呢？让我们通过试验来寻找答案吧，我们通过观察麦粒就能知道它们之间有什么不同了。此外，我们还可以用天平来称一称这两种麦粒。两种麦粒各选取约 50 粒，用天平进行称重比较。至于麦芒和旗叶，割和不割，也可以做个比较。

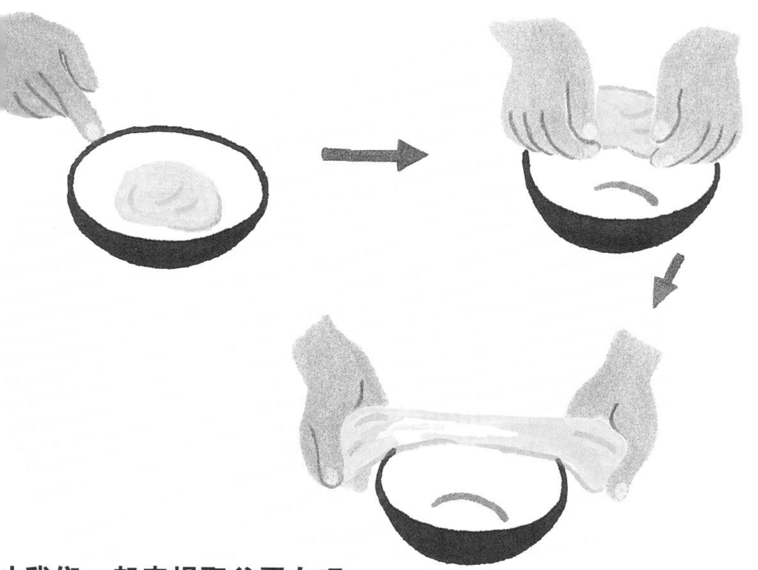

让我们一起来提取谷蛋白吧！

取一杯面粉，倒入半杯水，和成面团，不断地揉捏后，粘性就会出来。然后在盛满水的碗里，慢慢地、小心地揉搓面团。这样淀粉就会被洗掉，最后剩下的只是灰色的面团，这就是谷蛋白。我们可以把它拉宽拉长来玩耍。

膏药

当我们撞伤或者扭伤的时候，把醋和面粉放在一起搅拌，然后涂在布上，敷在受伤的地方，有化瘀的效果。

让我们用谷蛋白来做“麸”吧

取 2 千克全麦粉，往面粉里加入一大勺盐，然后一边用力地揉捏一边往里加水。放置 2~3 个小时之后将面团分成若干个小面团放入水中，提取谷蛋白。用强火加热谷蛋白 10 分钟后将其放入冷水中，然后控除水分，“生麸”就做成了。在“生麸”中掺入 20%~30% 的面粉或者糯米粉烘烤，“烤麸”就做好了。

生麦口香糖

试着拿一颗饱满的麦粒嚼一嚼。慢慢地咀嚼就会觉得渐渐地有甜味出来了，嚼到最后留下来的东西就是谷蛋白，口感很像口香糖。

15 人类培育麦子，麦子孕育文明

人类开始耕地种植麦子大约是在一万年前（公元前 8 000 年）的新石器时代。当时种植麦子的地方是被称为“肥沃的三日月地带”的美索不达米亚文明兴盛的西南亚地区。在种植麦子之前，人们靠打猎和获取大自然植物的果实来维持生命，而一旦没有了食物人们就会迁移到其他地方继续生活。

自从农业文明拉开序幕以后，人们就开始在固定的地方群居生活了。人们把山羊、绵羊牛和猪作为牲畜来饲养也是在这个时期。于是人们在那儿聚集起来，建立了城市、神殿国家，与此同时，文明也诞生了。因此可以说，是通过种植麦子而孕育了文明。

农业文明的开始

当人类还在过着采集生活的时候，他们总是尽力去寻找果实又大又多的植物作为食物。这些植物当中就有麦子的祖先。自从懂得了麦子是由种子发芽再生长的道理之后，人类开始选择易于居住的地方定居下来，培育农作物，农业文明也就由此开始了。

文明的兴盛

易于居住的地方会吸引越来越多的人来此定居，这时，人们就需要更多的食物，由此，农业就渐渐地发展起来了，城市的规模也越来越大。因此，大家就会选择果实多，又像麦子那样即便成熟后麦粒也不容易脱落的农作物进行栽培。就这样，简单的品种改良就开始了哦。之后，人们开始开渠引水，在难以开垦的土地上也种上了麦子，农业的范围越来越广，城市也越来越大，文明就开始兴盛起来了。

西南亚地区
肥沃的三日月地带
小麦的起源地
美索不达米亚

磨粉的历史

在很久以前，人们用石头将各种植物坚果砸碎弄成粉状。之后，古代的美索不达米亚地区的人们学会了使用石磨和木槌将小麦磨成面粉，加入水和成面，然后放在石板上烤成面包。

磨臼
捣臼

在建造埃及金字塔的时期，人们是用石磨来磨面的。不久之后，为了能磨出更多的面粉，人们动脑筋在石头上挖出了石槽。

BC 是公元前的意思

BC10000 BC8000 BC6000

从野生小麦向栽培小麦的转变

野生小麦通过自然杂交，形成了现在的小麦品种。

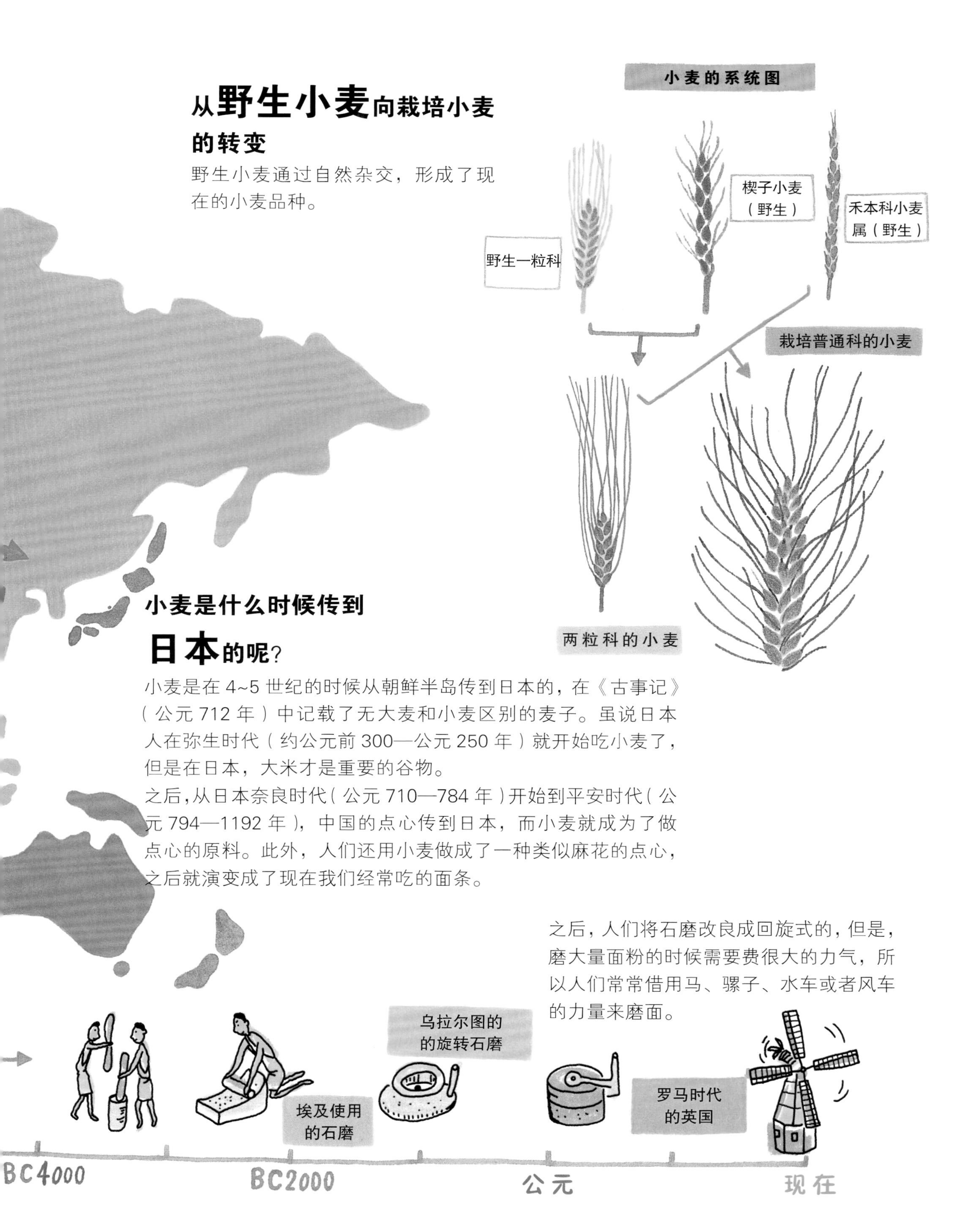

小麦是什么时候传到日本的呢？

小麦是在 4~5 世纪的时候从朝鲜半岛传到日本的，在《古事记》（公元 712 年）中记载了无大麦和小麦区别的麦子。虽说日本人在弥生时代（约公元前 300—公元 250 年）就开始吃小麦了，但是在日本，大米才是重要的谷物。

之后，从日本奈良时代（公元 710—784 年）开始到平安时代（公元 794—1192 年），中国的点心传到日本，而小麦就成为了做点心的原料。此外，人们还用小麦做成了一种类似麻花的点心，之后就演变成了现在我们经常吃的面条。

之后，人们将石磨改良成回旋式的，但是，磨大量面粉的时候需要费很大的力气，所以人们常常借用马、骡子、水车或者风车的力量来磨面。

详解麦子

1. 小麦和大麦（第 2~3 页）

说到麦子，其实有很多品种。大致可以分为小麦、大麦、黑麦、小黑麦、燕麦等品种。

在日本，麦子主要有小麦和大麦（包括二条大麦、六条大麦和裸麦）两种。1950 年的耕种面积大概在 178 万公顷，随着种麦子的田地不断地减少，到 1973 年，就只剩下 15.5 万公顷，甚至不到原来的 1/10。现在，虽然麦子的耕种面积基本上稳定在 21 万公顷左右，但麦子的需求主要还是依靠进口，想起来真是有点遗憾啊。

除了面条、面包、点心等面食以外，烹饪时也会用到小麦粉，因此人们对小麦还是比较了解的。

至于大麦，吃过麦饭的人应该不陌生。麦饭的米里混有中间有道茶色线的扁平麦，那便是押麦。押麦是将碾过的大麦经过蒸汽蒸熟，然后用滚轴将其压成扁平状。除此之外，麦饭中还会用到的原料有白麦（中间那道茶色线正好把麦粒分成两等份，也是先蒸后压而形成的）和米粒麦（仅是中间有线，没有被压扁）等。

大麦还是啤酒、威士忌、麦茶、日本酱汤的原料，难怪啤酒的广告上都喜欢画上大麦呢。

至于黑麦，吃过黑麦面包的人应该是知道的。

小黑麦是小麦和黑麦的杂交品种。小黑麦克服了小麦在寒冷或者贫瘠的土地上不易种植的缺点，属于新作物。

说到燕麦，就不得不说说燕麦粥了。它是将碾过的麦翻炒，然后再进行粗粉碎煮成的粥。在欧美人的早餐桌上经常会看到燕麦粥。

2. 麦子是有益健康的五谷之一（第 4~5 页）

“五谷丰登”这个词你听说过吗？它的意思是指农作丰产之后能够获得丰收。这五谷指的是从很久以前就开种植的五种重要的谷物，即大米、麦子、小米、豆子、黍（或者稗）的总称，再加上薯类，这些农作物可是人的主食哦。不仅如此，其中还含有丰富的营养素和植物纤维对人体的健康非常有益。

那么食物纤维为什么对人体有好处呢？这是因为它帮助我们将人体内肠道中积存的有害物质排出体外。而些对人体有害的物质是指可能致癌的胺、铅、PCB（聚氯苯）等，当然也包括摄取的过多的盐分。而且，据说吃麦能降低血液中的胆固醇。

3. 保护耕地的麦田（第 6~7 页）

在冬天，特别是在太平洋一侧，如果地里什么都不种话，干燥寒冷的西北季风就会把宝贵的表层土壤吹走。是如果地里种着小麦的话，表层土壤就不会被风吹走了而且，春天在小麦地里间种些蔬菜的话，还能帮助蔬菜

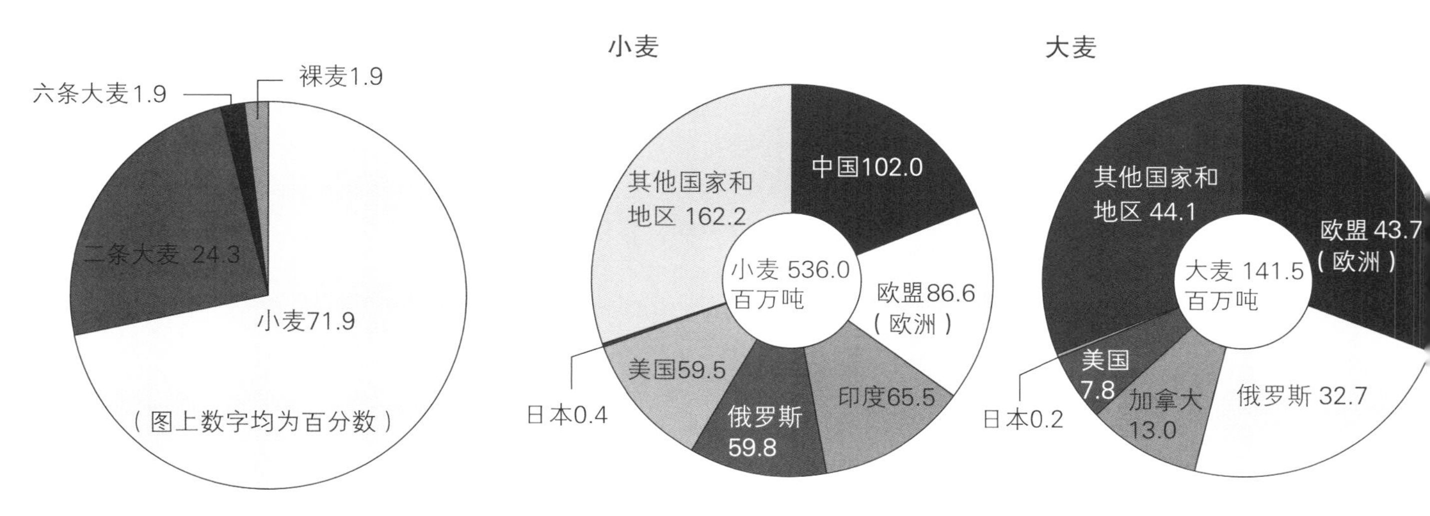

日本生产的主要麦子品种（1995 年）

全世界麦子的生产量（1995 年）（根据美国农业部 1996 年 7 月 资料）

御严寒，使之茁壮成长。收获后留下的麦秆还能作为铺草和堆肥被有效利用，这对土壤来说大有好处。作为日本冬季农作物的麦子，不仅仅是一种粮食，更在保护耕地、保护环境和守护当地风土景观方面发挥着巨大的作用。

4. 水稻和麦子是兄弟！（第 8~9 页）

小麦、水稻和玉米被称为世界三大主要粮食作物。与水稻相反，小麦喜欢干燥寒冷的气候，因此，自古以来小麦就在欧洲被广泛种植和食用。一方水土养育一方人，各地不同的农作物孕育出各地不同的饮食文化。水稻在亚洲为主的湿热多雨地区，而玉米则在拉丁美洲地区，分别支撑着人们的饮食生活。

麦子是世界上最为广泛种植的农作物。无论是种植面积、产量还是贸易量，都是最大的。但是，在相同面积的土地上种植水稻和麦子时，水稻的产量比麦子要多。所以，虽然现在小麦的种植面积是水稻的 1.6 倍，其收获量却只是水稻的 1.1 倍。

5. 多种多样的小麦品种（第 10~11 页）

对于小麦，在日本的各都道府县（译者注：日本对 1 都、1 道、2 府和 43 县的总称）都有推荐种植的品种。推荐品种即使在学校也很容易种植，其种子也不难买到。可以向当地的农业试验场、农业技术普及中心进行咨询。

6. 种植日志（小麦、大麦）（第 12~13 页）

小麦种植分为春播和秋播，需要我们根据当地的实情来制订栽培计划，进行种植。

7. 让我们来翻地、播种吧（第 14~15 页）

自古以来有句俗话叫："小麦靠肥料，水稻靠土壤。"与从灌溉的水中获取养分的水稻不同，种植小麦如果不施肥料的话，就不会获得很好的收成。

肥料的用量因条件不同各有差异。在寒冷地区，要少施氮肥增施磷酸肥；如果地是火山灰土，最好多施磷酸肥。另外，在同一块地里收割完大豆或蔬菜后继续播种麦子的话，减少 3~5 成肥料的用量则更加安全。初春时节，养分匮乏的叶子慢慢变黄，这就在提示应该追加氮肥了。但是，一定要注意不能过量施肥，不然作物会倒伏或者生病。为了避免叶子被肥料烧伤，要在叶子干燥的情况下施肥。

8. 用心镇压，精心培育（第 16~17 页）

麦子为了抵御冬天的寒冷，又厚又短的叶子会趴在地上。

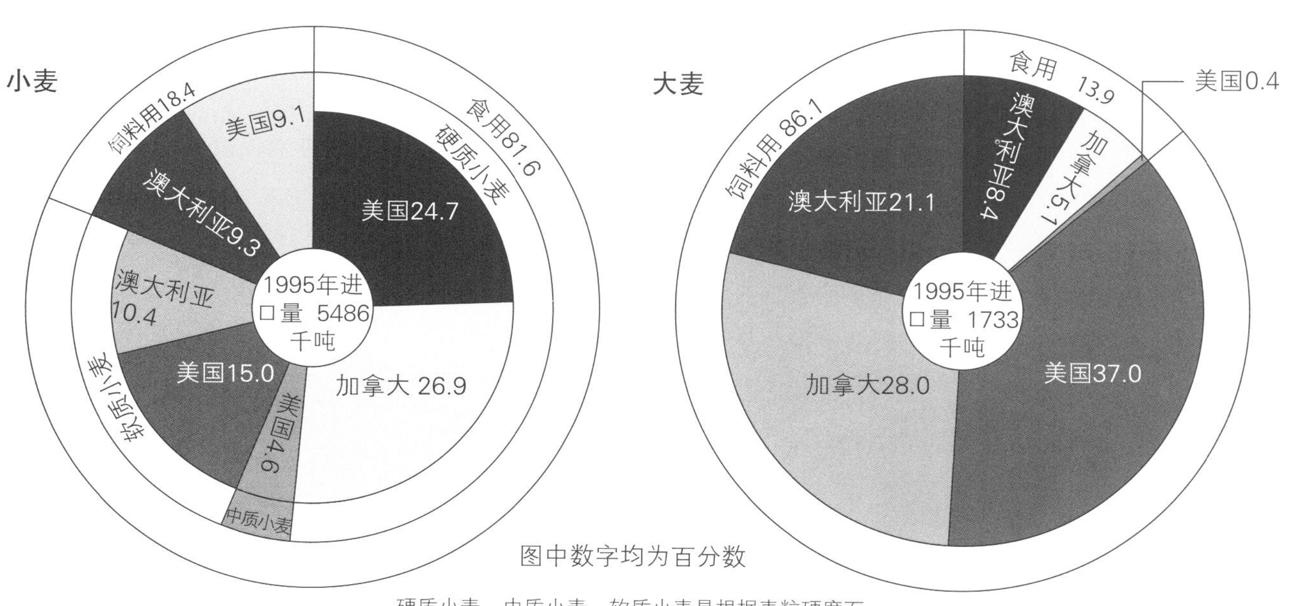

图中数字均为百分数

硬质小麦、中质小麦、软质小麦是根据麦粒硬度而区分的，根据用途来分的话，基本上相当于高筋粉、中筋粉、低筋粉。

日本从其他国家进口面粉的数量和用途

（以上关于粮食进口的资料均来自日本粮食厅）

这就是所谓的莲座丛。比如说蒲公英、野蓟、芥菜、车前草之类的植物都是以莲座丛的生长形态来过冬的。让我们观察一下冬天里的小草吧，你一定会发现莲座丛姿态的小草。莲座丛姿态可起到避风的作用，因为叶子是趴在地上的，所以根系附近的土壤不容易变得干燥或者结冰。

镇压不仅可以防止因为霜柱而导致作物断根，还可以防止刮风吹散土壤。通过镇压，麦茎会受到刺激，从而提高抗寒能力，分蘖数量也会增加。

9. 这种情况下我们该怎么办呢？（第 18~19 页）

请大家注意，根据地域不同，使用的农药也不同。想知道使用怎样的农药比较好的话，可以向当地的农业试验场、农业技术普及中心咨询。

10. 没有麦田也能种麦子，那我们就在花盆里种吧！（第 20~21 页）

播种密度会影响麦子的生长吗？

稀播种的话，麦穗个头儿会很大，但是数量很少。如果种得太密集，麦穗的数量会增加，但是每株麦穗却又细又轻，容易倒伏或者染病。因此，要不断变换播种量来进行比较，从而摸索出最理想的播种密度。

11. 麦子收割后，让我们一起磨面粉吧！（第 22~23 页）

把小麦磨成面粉来食用的最重要理由是什么呢？把小麦粒去掉皮后一看，你就明白了。大米和大麦去皮之后，颗粒是完整的，但是小麦去皮后颗粒很易碎。

另外，麦子的中间部分呈长洼形，而且谷壳向内侧翻卷。因此，无法像大米一样把谷壳去除干净，碾过之后多少会剩下一些谷壳，这样吃起来口感不好，而加工成粉状则更受欢迎。

麦茶的制作方法：

1. 将大麦放进厚平底锅里，设置中火，隔 2~3 分钟翻炒 1 次。
2. 当麦子开始变成茶色时，要不停地搅拌。
3. 发现麦子变成麦茶的颜色时，关火，让麦子冷却一会儿。
4. 用菜刀切开一颗麦粒观察一下。
5. 如果麦粒里面颜色分布均匀的话，就证明已经做好了。

然后把晾凉的麦茶放入密闭的容器中保存吧。

12. 让我们一起做乌冬面吧！（第 24~25 页）

在用小麦粉做面条的时候，一定要在水里放点儿盐。这样做是因为盐促使面粉里的蛋白质转变成谷蛋白。谷蛋白就像一张网一样把淀粉等物质紧紧包在里面，所以做成的面条特别筋道。

面条有很多种类。

把用小麦粉和好的面切成细条便是乌冬面。

把用小麦粉和好的面放在那儿醒一下，然后用沾有油的手拉伸面团，再对折，然后接着拉，再对折，就这样不断重复，直到拉出细长的面条为止。最后把这些面条晒干就成为挂面了。

和面的时候，在水中加入碱水。碱水里主要含有碳酸钾、碳酸钠等物质。用碱水和面的话，小麦粉里的色素会发黄，这是中华面独有的特色。用做挂面的方法制成的面就是我们平时吃的中华面了。

制作意大利面条多使用富含谷蛋白的硬质粗粒小麦粉。这种粉黏性很强，很难用手和面。使用制面机就可以做成了又细又长的面条了。更换制面机的模具还可以做出通心粉。

可丽饼的制作方法：

原料（按制作 10 张可丽饼计算）

低筋粉……100 克　　盐……少许

鸡　蛋……2 个　　糖……40 克

牛　奶……200 毫升　　黄　油（无盐）……25 克

色拉油……一小匙

可以根据自己的口味加入果酱、奶油、奶酪、火腿、生菜、蛋黄酱等。

1. 将 100 克低筋粉过筛。
2. 碗里打散 2 个鸡蛋，加入温牛奶、盐、糖一起搅拌，最后再将筛好的低筋粉放进去搅拌。

3. 将无盐黄油放进杯子中，用热水使其熔化。

4. 把已经融化的黄油倒入步骤 2 制作的面糊中搅拌，盖上保鲜膜，放置 20 分钟。

5. 将平底锅用大火加热，涂上少量色拉油，发现油开始冒烟的时候，把火关小。

6. 舀一勺步骤 4 制作的原料倒入平底锅，倾斜地旋转平底锅，使可丽饼面糊向四周扩散变薄。

7. 烤好一面之后，可以在可丽饼中间插根长筷子，然后慢慢将可丽饼举起翻面。

8. 如果另一面也烤好了，就可以从锅里取出来了，将它放在网状容器或盘子上。

9. 加入自己喜欢的配料，把可丽饼卷成半圆形或三角形就可以吃了。

13. 让我们一起用天然酵母做黄油面包吧！（第 26~27 页）

如何获得天然酵母呢？

天然食品店有天然酵母销售，不妨去哪儿问问。

鲜酵母的制作方法：

天然酵母与酵母菌不同，不能直接用来制作面包，首先要用天然酵母来制作鲜酵母。做鲜酵母的话，夏天需要 2 天时间，冬天则需要 3~4 天。

首先，准备 3 大匙（约 30 克）天然酵母（干燥粉末状）和 50 毫升水。煮沸过的玻璃瓶里倒入水和天然酵母，然后用消毒过的长筷子搅拌。为了不让它变干，要轻轻盖上盖子，或者套上塑料袋，在 30 摄氏度左右的环境下保温。不久就会发酵并有气体出来，所以一定要轻轻地盖上盖子。8 小时之后开始出泡，并且酵母的体积膨胀到原来的两倍大了。然后，再让它在 25 摄氏度左右的环境下充分发酵，时不时地要搅拌一下，夏天的话 15 个小时，冬天的话 20 个小时之后就会变成像蛋黄酱一样，并散发着酒的清香味。再把它放在 20 摄氏度的环境下，夏季需要 1 天，冬季 2~3 天后，酵母会散发出更加强烈的酒味，到此用来发面包的鲜酵母就做好了。放入冰箱储存的话，可使用 1 个月。（《用天然酵母做国产小麦面包》矢野咲子著，农山渔村文化协会出版）

14. 仔细地观察，有趣的试验（第 28~29 页）

谷蛋白需要经过小麦粉加水揉捏后才能形成。小麦粉里 85% 都是不溶于水的蛋白质（包括麦谷蛋白、麸朊），这些蛋白质吸收水后会膨胀，再加上用手揉捏的力量，会形成独特的网眼，而每个网眼之间就是淀粉等物质了。根据谷蛋白网眼形状的不同，面团的黏性和弹性也会出现差异。乌冬面和中华面的筋道程度，面包的膨胀程度和柔软度，蛋糕松软程度等，都是由谷蛋白网眼的形成状况而决定的，这也是小麦的一大特征。

小麦在有充分光照和保温的情况下，会很快抽穗。这是因为它给小麦造成了一种错觉，好像春天来了，天气慢慢回暖，白昼变长了。即便如此，在冬天到来之前，即使进行保温，根株长得再大也一直不会抽穗。这是因为麦子具有不遇低温就不抽穗的性质，所以只有遭遇寒冷才能做好抽穗的准备。在此之后，气温越高，白昼越长，麦穗也就抽得越快。

15. 人类培育麦子，麦子孕育文明（第 30~31 页）

麦子具有不易腐烂的特性，所以可以在收获麦子的时候将其大量储备起来，以防止日后的粮荒。人们选择颗粒大、产量高、不易从麦穗脱落下来的品种来种植，这样与采集自然界的植物来食用的行为相比，只要花较少的劳力就可满足大多数人的粮食需求。也就是说，做陶器的、造木舟的、往神社里奉供品的人们，自己不直接种植也能有粮食吃。由此村庄发展成大都市，文明便发达起来了。

在日本，据说人们是从弥生时代（约公元前 300—公元 250 年）开始种植大米和大麦的。在此之前，黄稗、小米才是主要的粮食。

麦子不容忽视的一点就是它与磨粉之间的关系。正如第 11 章中介绍的那样，小麦必须磨成粉才能食用，因此，小麦的历史也就是磨粉的历史。

臼分为捣碎东西的捣臼和研磨的磨臼。捣臼会让人联想起用来研药的乳钵。磨臼有通过旋转来研磨东西的石磨型，也有在平石板上用滚轴来碾压的碾磨型。

后记

你对用来制作面包、甜点、面条、意大利面等这些我们每天都会吃到的食物的原材料“麦子”感兴趣了吗？吃是每天不可缺少的一种行为，而使这种行为成为可能的是大自然中生物生命的连带关系。自古以来，人们在不断提高培育农作物技术的同时，没有忽视对大自然的尊重。用野生种子进行人工栽培，它的成功大大提高了麦子的收获量。此外人们还可以选择既不受病虫侵害又适合加工的麦子来进行栽培。这些因素使文明得到了发展，具有风土人情的各种饮食文化也应运而生。

日本的粮食现在主要还是依赖国外进口。例如，日本每年小麦的消费量为 600 万吨以上（平均每个国民消费不到 50 千克），而这其中日本国产小麦所占比例却不到 9%。曾经作为冬季一景的麦子，与以前相比，已经很少在地里看见了。而麦子在保护日本冬季自然环境方面发挥了巨大的作用。为了保护 21 世纪的地球环境，确保世界粮食正常供应，一味依赖进口是绝对不行的。即使是现在，世界上还有很多人为吃饭而发愁。而且世界人口还可能继续增长。为了解决今后的粮食问题，迫切需要大家的理解和智慧！

通过体验种植麦子和制作面包及面条，让下一代的孩子感受种植作物、制作食品的快乐，思考自己与食物之间的联系。这本绘本如果能起到这样的作用，就是我们最大的荣幸。

吉田久

图书在版编目（CIP）数据

画说麦子 /（日）吉田久编文；（日）黑木三代绘画；中央编译翻译服务有限公司译. -- 北京：中国农业出版社, 2017.9
（我的小小农场）
ISBN 978-7-109-22735-4

Ⅰ. ①画… Ⅱ. ①吉… ②黑… ③中… Ⅲ. ①小麦－少儿读物 Ⅳ. ①S512.1-49

中国版本图书馆CIP数据核字(2017)第035589号

吉田久

1945年生于奈良县。毕业于东北大学农业系，后攻读东京大学研究生院课程。获农学博士。从1974年开始在农林水产省农业试验场和农业研究中心工作。从事麦子的育种实验研究。从1983年开始先后在北陆农业试验场（水稻育种）、枥木县农业试验场枥木分场（啤酒小麦育种）工作。1990年开始在农业研究中心（麦子育种）工作。著有与麦子相关的专业书籍以及《昭和农业技术发展史（旱田种植篇）》（分担执笔 农山渔村文化协会 1995）等。

目黑美代

曾作为纺织品设计师，毕业于位于东京都新宿区的setru-mode美术学校。活跃于杂志、插图、广告领域。曾获第27届纤维设计大赛的鼓励奖、日本棉业振兴会奖、第一届金绘本佳作奖等。著有《爱杂货，爱手工》（主妇之友出版社）、《物体名称图鉴》（学习研究出版社）、《手工素描》（holp-pub出版社）。

■写真をご提供いただいた方々
P18~19
うどんこ病、赤かび病、黒穂病　斉藤初雄（農業研究センター）
赤さび病　大畑貫一（元農業技術センター）
アブラムシ、バクガ　内藤　篤（東京農業大学）

■写真
P2　製粉過程　倉持正実（写真家）
P2~3　ムギの種類　小倉隆人（写真家）
P9　ムギの花　皆川健次郎（写真家）
P10~11　コムギの品種　小倉隆人（写真家）
P21　ムギの幼穂　皆川健次郎（写真家）

■参考文献
P24~25　うどんづくり　小竹千香子著『小麦粉のひみつ　たのしい料理と実験』（さえら書房）
P26~27　ロールパンづくり　矢野さき子著『天然酵母で国産小麦パン』（農文協）

我的小小农场 ● 6

画说麦子

编　　文：【日】吉田久
绘　　画：【日】目黑美代

责任编辑：刘彦博
翻　　译：中央编译翻译服务有限公司
译　　审：张安明
设计制作：北京明德时代文化发展有限公司
出　　版：中国农业出版社
（北京市朝阳区麦子店街18号楼　邮政编码：100125　美少分社电话：010-59194987）
发　　行：中国农业出版社
印　　刷：北京华联印刷有限公司
开　　本：889mm×1194mm　1/16
印　　张：2.75
字　　数：100千字
版　　次：2017年9月第1版　2017年9月北京第1次印刷
定　　价：35.80元